UNEP环境影响评估小组2022年评估报告补充材料

臭氧损耗、UV辐射和气候对人类和环境的影响

问题与答案

生态环境部大气环境司
生态环境部国际合作司 ◎译

【美】赫尔马·H.伯恩哈德
【智利】罗伊·麦肯齐-卡尔德隆
【美】拉切尔·奥索拉
【澳】珍妮特·F.博恩曼 等◎编

CEPG
中国环境出版集团

图书在版编目（CIP）数据

　臭氧损耗、UV辐射和气候对人类和环境的影响：问题与答案 /（美）赫尔马·H.伯恩哈德等编；生态环境部大气环境司, 生态环境部国际合作司译. -- 北京：中国环境出版集团, 2025. 4. -- ISBN 978-7-5111-6204-5

　Ⅰ. X171.1
　中国国家版本馆 CIP 数据核字第2025WB9622号

审图号：GS京（2025）0498号

责任编辑　韩　睿
装帧设计　庄　琦

出版发行　中国环境出版集团
　　　　　（100062　北京市东城区广渠门内大街 16 号）
　　　　　网　　址：http://www.cesp.com.cn.
　　　　　电子邮箱：bjgl@cesp.com.cn.
　　　　　联系电话：010-67112765（编辑管理部）
　　　　　　　　　　010-67112736（第五分社）
　　　　　发行热线：010-67125803，010-67113405（传真）
印　　刷　北京中献拓方科技发展有限公司
经　　销　各地新华书店
版　　次　2025 年 4 月第 1 版
印　　次　2025 年 4 月第 1 次印刷
开　　本　787×1092　1/16
印　　张　3.5
字　　数　30千字
定　　价　52.00 元

中国环境出版集团郑重承诺：
中国环境出版集团合作的印刷单位、材料单位均具有中国环境标志产品认证。

编委会名单

主 编

Germar H. Bernhard, Roy Mackenzie-Calderón, Rachele Ossola, and Janet F. Bornman

执笔专家

Mads P. Sulbæk Andersen, Anthony L. Andrady, Alkiviadis F. Bais, Paul Barnes,
Germar H. Bernhard, Scott N. Byrne, Anu M. Heikkilä, Rachael Ireland,
Marcel A. K. Jansen, Sasha Madronich, Richard L. McKenzie, Rachel Neale,
Patrick J. Neale, Rachele Ossola, Qing-Wei Wang, Sten-Åke Wangberg,
Christopher C. White, Stephen R. Wilson, and Richard G. Zepp

贡献专家

Pieter J. Aucamp, Anastazia T. Banaszak, Marianne Berwick, Janet F. Bornman,
Laura S. Bruckman, Bente Foereid, Donat-P. Häder, Loes M. Hollestein, Wen-Che Hou,
Samuel Hylander, Andrew R. Klekociuk, J. Ben Liley, Janice D. Longstreth,
Robyn M. Lucas, Roy Mackenzie-Calderón, Javier Martinez-Abaigar,
Catherine M. Olsen, Krishna K. Pandey, Nigel D. Paul, Lesley E. Rhodes,
Sharon A. Robinson, T. Matthew Robson, Kevin C. Rose, Tamara Schikowski,
Keith R. Solomon, Barbara Sulzberger, Craig E. Williamson, Seyhan Yazar,
Antony R. Young, Liping Zhu, and Meifang Zhu

设 计

Alejandro Pérez-Velásquez

目录
CONTENTS

引言
PREFACE

本书由联合国环境规划署（UNEP）下属的《蒙特利尔议定书》环境影响评估小组（EEAP）编写。本书是对 EEAP 于 2022 年发布的四年一度评估报告（https://ozone.unep.org/science/assessment/eeap）的补充，以通俗易懂的语言为决策者、一般公众、教师和科学家提供了有趣而有用的信息。

《蒙特利尔议定书》是一项旨在保护地球臭氧层的国际条约，臭氧层能够保护地球上的生命免受来自太阳的有害紫外线（UV）辐射。该条约已得到联合国所有成员国的同意，旨在限制向地球大气层释放危害臭氧层的化学物质。这些化学物质被称为消耗臭氧层物质（Ozone Depleting Substances，ODS）。一些咨询机构作为《蒙特利尔议定书》的一部分而被设立，每年评估有关臭氧层变化的重要的最新科学信息，以及这些变化可能对地球上的生命产生的影响，并评估能够消除 ODS 的替代技术。EEAP 是这些咨询机构之一，负责评估臭氧层损耗对环境造成的各种影响。

本书讨论了 UV 辐射对地球生命的重要性，并探讨了其有害和有益的影响，还描述了 UV 辐射在过去发生的变化及预计在 21 世纪将要发生的变化，其中一些变化还与气候变化有关。本书重点关注臭氧变化对人类健康以及陆地、湖泊和海洋生物的影响。

您会发现，本书中问答的范围反映了影响生命的许多重要问题之间的联系。除大气和生物作用之外，UV 辐射、臭氧和气候变化也会对空气质量产生影响。最后两个问答讨论了 UV 辐射对建筑和其他应用材料的影响，以及 UV 辐射在陆地和海洋塑料污染中的作用。

总之，这些问答突出了《蒙特利尔议定书》在保护地球生命方面的关键作用，旨在加深我们的理解，以便我们能够继续寻求创新的方法，以维持环境的可持续性和生活质量。

环境影响评估小组联合主席
Janet F. Bornman

Q1

问题 1：

太阳 UV 辐射是什么？我们为什么要关注它？

太阳 UV 辐射是太阳电磁辐射的一部分。与我们可以看到的可见光相比，UV 辐射是不可见的，而且能量更高。由于能量较高，UV 辐射可以破坏分子的化学键，包括储存了大多数生物遗传密码的 DNA 分子中的化学键。DNA 分子受到破坏会导致包括皮肤癌在内的多种疾病。UV 辐射也会对农业、水体生产力和空气质量产生不利影响。UV 辐射还会缩短塑料和油漆等材料的有效寿命。不过，有些 UV 辐射对人体健康是有益的，能在皮肤中产生维生素 D，还能杀死病原体。

UV 辐射有不同的类型

UV 辐射分为 UV-C、UV-B 和 UV-A。UV-C 是能量最高的类型，暴露在它之下所有生物都特别危险。幸运的是，UV-C 辐射会被地球大气层高处的氧气和臭氧分子完全吸收（图 1-1）。太阳发出的大部分 UV-B 辐射也会被臭氧层吸收，但仍有一部分会到达地球表面。对于人类来说，暴露于 UV-B 辐射下会导致晒伤，增加患皮肤癌和白内障的风险，并抑制免疫系统（见问题 4）。过度暴露于 UV-B 辐射下也会损害陆地植物，包括农作物（见问题 6）、水生生态系统（见问题 7）及建筑和纺织材料（见问题 11）。UV-A 辐射是能量最低的类型，仅被臭氧层微弱吸收，仍会对健康造成一些不利影响，如皮肤过早老化。

图 1-1　平流层中的臭氧层保护陆地表面免受有害的 UV 辐射

臭氧层环绕着整个地球，主要位于距离地面 15 ～ 40 千米的地球平流层中。臭氧层的损耗主要导致到达地球表面的 UV-B 辐射量增加。防止臭氧层过度损耗而导致人类暴露于 UV-B 辐射下是《蒙特利尔议定书》的主要目标（见问题 2）。UV 辐射是太阳电磁辐射的一部分。科学家根据 UV 辐射的波长（以纳米为单位）将其分为三种类型：UV-C 波长为 100 ～ 280 纳米，

UV-B 波长为 280 ～ 315 纳米，UV-A 波长为 315 ～ 400 纳米 [1 纳米等于十亿分之一（10^{-9}）米]。

UV 指数是衡量对人体健康有害的 UV 辐射量的指标

与人类健康相关的太阳 UV 辐射强度通常用 UV 指数进行量化，UV 指数是衡量导致人晒伤（也称"红斑"）的 UV 辐射量的指标。太阳 UV-B 辐射和 UV-A 辐射分别占 UV 指数的 90% 和 10%。UV 指数是一个国际公认的指标，其引入是为了提高公众对 UV 辐射危害人体健康的认识，并强调采取个人防护措施的必要性（图 1-2）。例如，当 UV 指数为中等或较高时，世界卫生组织（WHO）的建议是寻找阴凉处，穿上衬衫，涂抹防晒霜，戴上帽子。当中午的 UV 指数为非常高或极高时，建议要么避免在正午时分外出，要么随时寻找阴凉处，穿上衬衫，戴上帽子，涂抹适当防护系数的防晒霜。

暴露等级	UV指数范围
低	＜2
中	3～5
高	6～7
非常高	8～10
极高	≥11

图 1-2 暴露等级与 UV 指数范围

注：图片来自 WHO, 2002: Global Solar UV Index: A Practical Guide. WHO/SDE/OEH/02.2, 28 pp., https://apps.who.int/iris/handle/10665/42459。

影响 UV 辐射强度的因素有很多

在没有云的天气下，决定地球表面 UV 辐射强度的主要参数是太阳在地平线以上的高度和特定地点上空大气中的臭氧量。因此，热带地区的 UV 辐射强度最高，因为太阳有时在正午时分直射地面，臭氧量也比中纬度地区少。悬浮在大气中的微粒（如灰尘、烟雾、烟尘和海盐）统称气溶胶，也会削弱

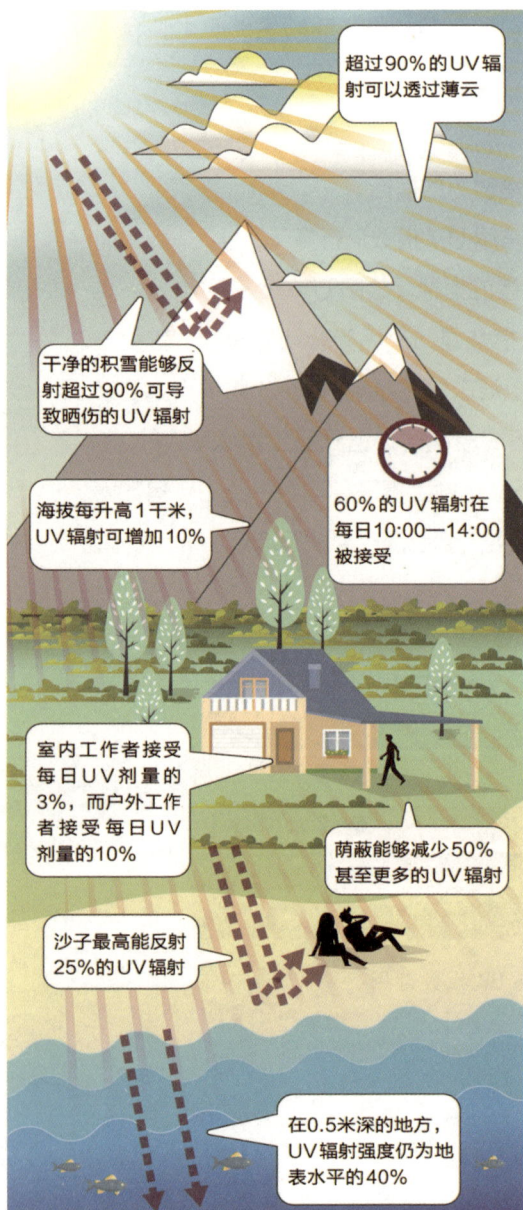

图 1-3　决定地球表面 UV 辐射强度的因素

注：图片更新自 WHO, 2002: Global Solar UV Index: A Practical Guide. WHO/SDE/OEH/02.2, 28 pp., https://apps.who.int/iris/handle/10665/42459。

UV 辐射（见问题 9）。可以通过降低城市和工业区的空气污染减少大气中的气溶胶，从而将 UV 辐射水平恢复到更清洁的大气中的水平。UV 辐射还受海拔高度、日地距离的季节性变化（地球在 12 月和 1 月离太阳最近，在 6 月和 7 月离太阳最远）及地面反射的影响（图 1-3）。例如，新雪会向上反射 90% 以上的 UV 辐射，部分辐射会向地面散射。在这种情况下，积雪地面的 UV 指数较无雪地面的 UV 指数高出 60%。云层可以减少 90% 以上的 UV 辐射，但减少的比例小于可见光辐射。薄云（如卷云）对地球表面 UV 辐射强度的影响很小。因此，阴天时，即使天空看起来相对较暗，UV 辐射也可能会导致皮肤晒伤。另外，环绕太阳但不阻挡太阳的云层会导致 UV 辐射量增加，其强度可能超过无云天空下的 UV 辐射。水下的 UV 辐射强度仍然很高，这取决于水的透明度，而溶解的有机物会对透明度产生很大的影响（见问题 7）。

臭氧总量减少会导致 UV 指数增加

在一定的太阳高度下，UV 指数在很大程度上取决于从地球表面延伸至大气层顶部的垂直柱中的臭氧量（图 1-4）。该垂直柱被称为臭氧总量，并以多布森单位进行报告。当压缩到地球表面的压力时，一个多布森单位相当于厚度为 0.01 毫米的假想纯臭氧层。地球表面全年臭氧总量的平均值约为 300 多布森单位，相当于 3 毫米厚的纯臭氧层（两枚普通硬币的厚度）。

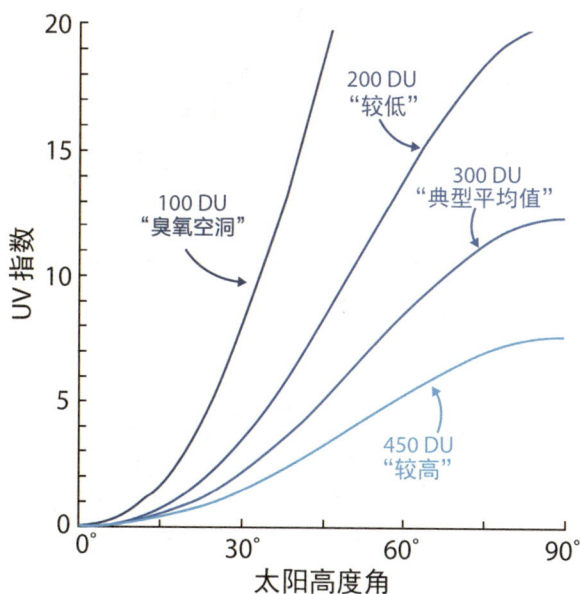

图 1-4 太阳高度和臭氧总量对 UV 指数的影响

UV 指数是根据不同臭氧总量条件下太阳相对于地平线的高度变化绘制而成的。只有在南极臭氧空洞中才能观测到臭氧总量低至 100 多布森单位（DU）。中纬度地区的典型平均臭氧总量为 300 多布森单位，而在中纬度地区的春季可能会观测到 450 多布森单位的高臭氧总量。

臭氧总量每减少 1%，UV 指数就增加约 1.2%。然而，当臭氧总量发生较大变化时（如南极臭氧空洞导致臭氧总量大幅减少），UV 指数的增幅要大得多。例如，臭氧总量减少 50%，UV 指数就会增加 1 倍以上（图 1-5）。

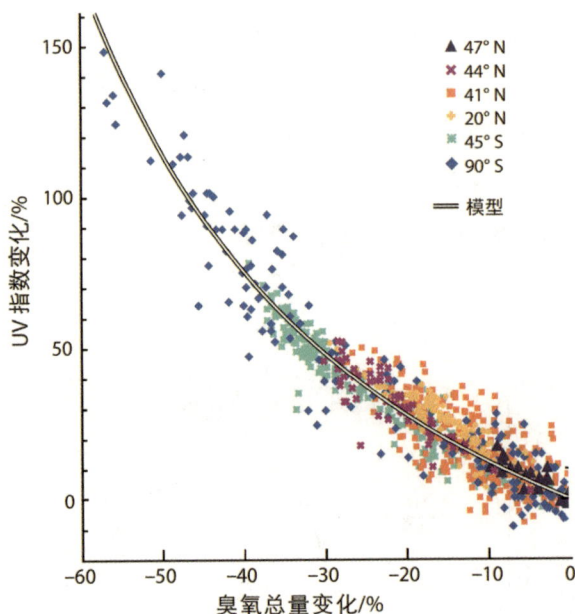

图 1-5 臭氧总量变化与 UV 指数变化之间的关系

注：图片来自 20 Questions & Answers About the Ozone Layer 2022 Update，可通过 https://ozone.unep.org/science/assessment/sap。该文件是世界气象组织（WMO）和 UNEP 发布的 Scientific Assessment of Ozone Depletion: 2022 报告的组成部分。图片由美国国家海洋和大气管理局化学科学实验室的 Chelsea R. Thompson 提供。

　　图 1-5 是由在不同纬度的 6 个站点测量的臭氧总量和 UV 指数数据绘制而成。UV 指数与臭氧总量的关系也能通过理论计算得出，用标有"模型"的平滑曲线表示。

UV 辐射在全球的分布并不均匀

　　图 1-6 展示了地球表面最大的 UV 指数。在热带地区，海平面上的 UV 指数可能超过 16；而在高海拔地区（如智利的阿尔蒂普拉诺地区），UV 指数可达 25。南半球夏季的 UV 指数最大值显著高于北半球相应纬度地区，这是因为臭氧总量和日地距离不同。一般来说，UV 指数的峰值会随着纬度的增加而降低。不过，受臭氧空洞影响的南极地区是一个明显的例外，那里的 UV 指数最大值与热带地区相当（图 2-1）。在保护地球的大气层外，UV 指数超过 300。

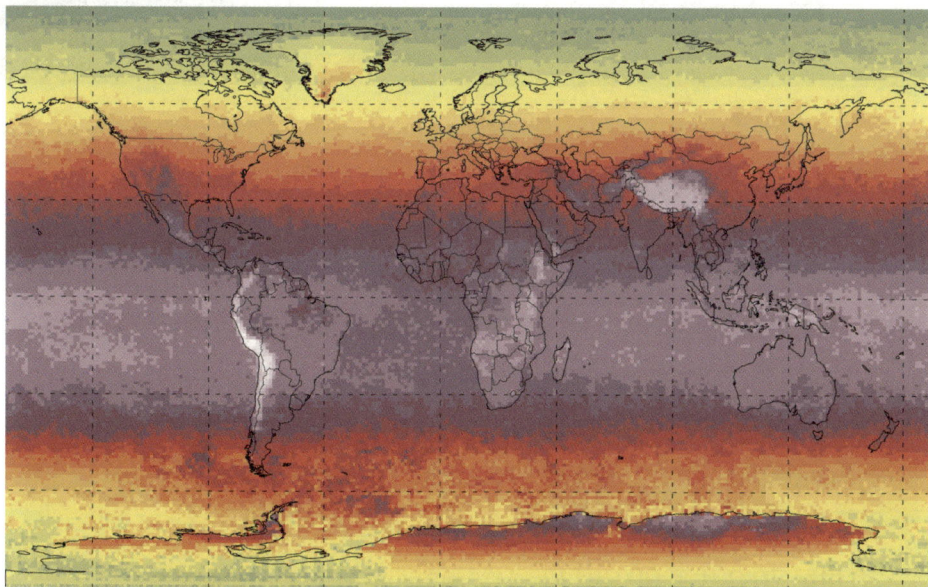

图 1-6　根据卫星测量得出的地球表面最大 UV 指数
注：图片由新西兰国家水与大气研究所的 J. Ben Liley 提供。

　　地球上最大的 UV 指数是在赤道附近的高海拔地区观测到的。由于臭氧空洞的存在，南极洲海岸的 UV 指数有时与热带地区一样高。

20 世纪 70 年代至 90 年代初，氟氯化碳 (CFCs) 等人为制造的 ODS 导致平流层臭氧减少，这导致中纬度地区的 UV 辐射量增加了几个百分点，而南极地区的 UV 辐射量增加得更多。这些 ODS 导致了南极臭氧空洞，自 20 世纪 80 年代以来，每年春季都能在南极上空观察到臭氧空洞。如果没有《蒙特利尔议定书》及其修正案，平流层臭氧的损耗和随之而来的 UV 辐射量增加将会持续下去。由于这一国际条约的成功实施，臭氧层现在已经开始恢复。在过去的 25 年中，大多数地方的 UV 辐射水平并没有提高，目前主要受云层和气溶胶变化的影响。

20 世纪 70 年代至 90 年代初，UV 辐射的增加超过了正常水平

UV 辐射的长期变化是利用地面辐射计和卫星上安装的仪器所提供的数据计算出来的。遗憾的是，对地面 UV 辐射的系统监测直到 20 世纪 90 年代初才开始。因此，在此之前，对地球表面 UV 辐射水平的估计主要依赖卫星观测（始于 20 世纪 70 年代），或利用臭氧总量测量数据和其他数据（如日照时间）进行重建，以描述云量的长期变化。这些观测和重建结果表明，20 世纪 80 年代初至 90 年代初，两个半球中纬度地区（25°~50°）的 UV 辐射量增加了 3%~5%。然而，南极在臭氧空洞的影响下，UV 辐射的增加幅度要大得多。与臭氧空洞出现之前的 20 世纪 70 年代相比，南极海岸研究站帕尔默站的最大 UV 指数增加了 1 倍多（图 2-1）。近年来，帕尔默站的 UV 指数偶尔会超过美国和墨西哥边境附近的中纬度城市——圣迭戈的最大 UV 指数，尽管与帕尔默站相比，圣迭戈的纬度要低得多。相较之下，在热带地区没有观测到 UV 辐射的明显增加。由于 UV 辐射也会受气溶胶和云层的影响（见问题 1），一些地区 UV 辐射的变化主要受云层和空气污染物变化的影响（图 2-2）。例如，20 世纪 80 年代初开始的东亚经济快速发展导致大气悬浮微粒大量增加。在某些地区，这导致 UV 辐射量比工业化前减少了 25% 以上。

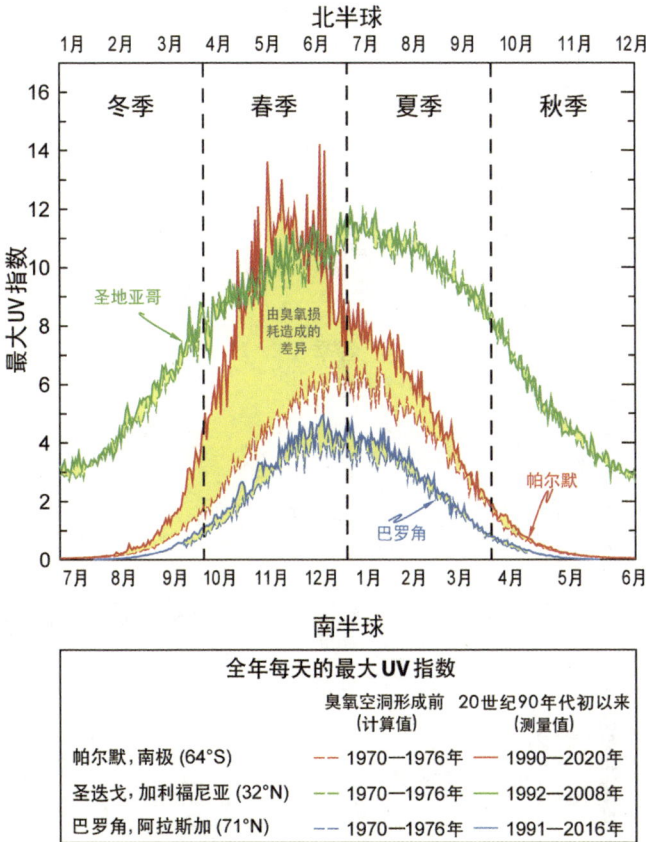

图 2-1 不同纬度地区和一年中不同时间的 UV 指数差异

注：图片改编自 G H Bernhard, R L McKenzie, K Lantz & S Stierle. Updated analysis of data from Palmer Station, Antarctica (64° S), and San Diego, California (32° N), confirms large effect of the Antarctic ozone hole on UV radiation. Photochem Photobiol Sci 21, 373–384 (2022). https://doi.org/10.1007/s43630-022-00178-3。

　　图 2-1 比较了帕尔默站（南极海岸的一个观测站）、圣迭戈（靠近美国和墨西哥边境的一个城市）和巴罗角附近（阿拉斯加最北端）两个时期内一年中每天测得的最大 UV 指数，这两个时期分别是臭氧空洞形成之前（1970—1976 年，虚线）和 20 世纪 90 年代初以来的当代时期，在此期间臭氧空洞已经完全形成（实线）。黄色阴影表示两个时期之间的差异。纵观历史，帕尔默站的最大 UV 指数远

低于圣迭戈。由于臭氧空洞的影响，在帕尔默站测得的最大 UV 指数自 20 世纪 70 年代以来增加了 1 倍多，现在可能偶尔超过在圣迭戈观测到的最大值。相较之下，巴罗站的 UV 指数峰值要比帕尔默站小得多，而且在两个时期之间变化不大（平均为 18%）。这种相对较小的增幅可以解释为与南极洲相比，北极春季臭氧损耗较少。在圣迭戈，历史数据和当前数据几乎没有区别，自 20 世纪 70 年代以来，UV 指数平均只增加了约 3%。

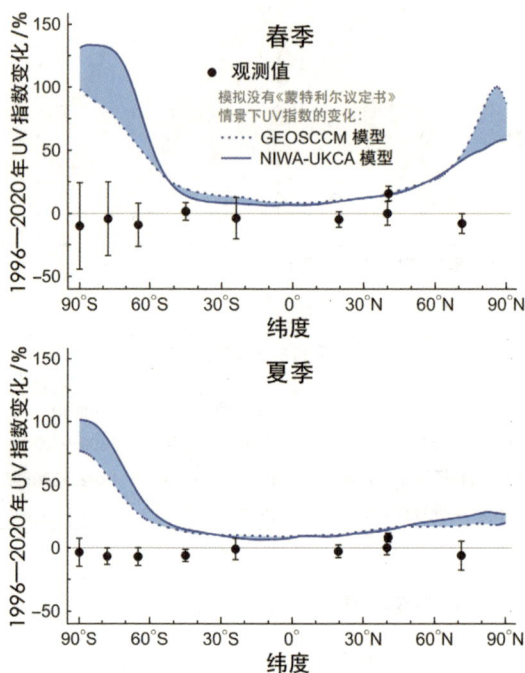

图 2-2　1996—2020 年观测到的 UV 指数变化与假定没有《蒙特利尔议定书》情况下的指数变化估计值的比较

图 2-2 中，圆点和竖线表示 1996—2020 年 UV 指数变化的最佳估计值及其合理范围。这些估计值大部分来自未受污染站点［从南极（90°S）到阿拉斯加巴罗站（71°N）的 9 个地面站］春季（上图）和夏季（下图）的观测数据。蓝色实线和虚线是假定在没有《蒙特利尔议定书》、ODS 的排放不受控制的情况下，使用两种不同的化学-气候模型模拟得出的结果。如果没有《蒙特利尔议定书》，春季

中纬度地区的 UV 指数将增加 10% ~ 20%，南极地区将增加 1 倍以上。除 41°N（希腊塞萨洛尼基）的一个城市站点外，在所有站点观测到的 UV 指数变化都很小，小于两个化学 – 气候模型预测的情况。这些观测结果证实，《蒙特利尔议定书》防止了 UV 辐射的大幅增加，尤其是在 60°S 以南的地区。在塞萨洛尼基测得的 UV 指数相对大幅增加（夏季为 8%，春季为 16%），主要是由于该城市地区采取了控制空气污染的措施，从而减少了大气中的气溶胶，这表明除臭氧之外，其他因素在决定地球表面的 UV 辐射水平方面也发挥着重要作用（见问题 1）。

《蒙特利尔议定书》帮助臭氧层恢复

《蒙特利尔议定书》及其修正案在减少大气中 ODS 的含量方面取得了巨大成功。这些物质包括人类活动释放的 CFCs 等卤素气体。由于《蒙特利尔议定书》得到了联合国所有 198 个成员国的批准，现在全世界 ODS 的生产和消费都受到了管控。因此，向大气中排放的 ODS 正在减少，平流层中的臭氧层也开始恢复。然而，恢复的过程是缓慢的，因为 ODS 从大气中清除的速度要比 20 世纪 80年代排放的速度慢 3~4 倍。此外，平流层臭氧的浓度还取决于二氧化碳（CO_2）等温室气体的未来排放量，这些气体会冷却平流层。目前的气候模型预测，这种冷却将导致臭氧量增加。因此，21 世纪末的平流层臭氧可能会高于臭氧开始损耗的 20 世纪 70 年代的水平。

20 世纪 90 年代至今，UV 辐射强度变化很小

由于臭氧层恢复是一个缓慢的过程，在未受污染的地点，20 世纪 90 年代至今观测到的 UV 辐射水平基本保持不变（图 2-2）。在大多数地点，UV 辐射的逐年变化更多的是由气溶胶和云层的变化而非平流层臭氧的变化所引起的。反过来说，气候模型表明，如果没有《蒙特利尔议定书》及其修正案，1996—2020 年，中纬度地区的 UV 指数将增加 10% ~ 20%。在南极地区，臭氧损耗将持续进行，春季的 UV 指数将在此期间增加 1 倍以上（图 2-2）。

温室气体和气溶胶影响着对整个 21 世纪 UV 辐射水平的预测

未来臭氧总量、气溶胶和云的估计值来自化学－气候模型的预测。这些计算结果随后被用作其他模型（称为辐射传递模型）的输入，计算 UV 辐射随时间的变化。最新的模拟结果表明，温室气体浓度的上升将在未来影响臭氧总量，进而影响 UV 指数。在大气气溶胶量保持在当前水平的模拟中，预计中纬度地区的 UV 指数在 2015—2090 年将略有下降（北半球下降 3%，南半球下降 6%）。由于南极臭氧空洞和北极臭氧损耗都将降低，因此预测高纬度地区的降幅会更大。预计热带地区的 UV 指数不会发生显著变化。在目前受空气污染影响的地区，如果未来空气污染物的排放量减少，预计 UV 指数将上升。这种增长的幅度在很大程度上取决于政策决策。因此，我们无法可靠地预测目前受空气污染影响较大的地区的 UV 辐射强度的变化。

问题 3：
臭氧损耗是否改变了气候和天气？

虽然平流层臭氧损耗不是气候变化的主要原因，但它已导致地球上某些地区的气候和天气发生变化。最大的影响发生在南半球热带以外的地区。臭氧损耗和气候变化相互交织，因为臭氧和大多数 ODS 是温室气体。其浓度变化会导致地球表面附近的空气温度发生变化。此外，南极臭氧空洞导致南半球气候带南移，对气候、天气和环境造成影响。

ODS 引起全球变暖

受《蒙特利尔议定书》管控的 ODS 也是温室气体，因此，它们通过吸收热量使地球表面附近的空气变暖。20 世纪下半叶，所有 ODS 的综合效应是继最重要的温室气体——CO_2 之后，导致全球变暖的第二大因素。通过减少 ODS 的排放，《蒙特利尔议定书》已经在非洲、北美洲和欧亚大陆的中纬度地区避免了 0.5~1.0℃ 的升温，在北极地区避免了高达 1.1℃ 的升温。1955—2005 年，全球变暖的约 1/3 和北极变暖的一半左右可归因于 ODS 的影响。不过，预计今后将对这些估计值略作修订。由于臭氧也是一种温室气体，ODS 造成的臭氧损耗往往会冷却地表，这种冷却效应的影响程度尚不明确。

平流层臭氧损耗会影响气候和天气

虽然 ODS 会导致地表附近的大气变暖，但它们会在平流层产生冷却效应。这种冷却效应在南极臭氧空洞内最为显著，并导致高海拔区域环绕的风发生变化（平流层极地涡旋）。这些风的变化会影响大气层的低层，并导致南半球气候带南移。因此，在 20 世纪的最后几十年中，南极附近的降水量增加，亚热带干旱区在夏季南移。这与阿根廷北部、乌拉圭、巴西南部、巴拉圭和澳大利亚东部亚热带地区夏季降水量大幅增加有关，而南美洲南部则变得更加干燥（图 3-1）。观测到的气温和降水量的变化也与植物以及企鹅和海豹等动物的数量和分布有关，并影响着南半球的生态系统。南极臭氧空洞的深度和大小的逐年变化在很大程度上取决于极地涡旋的强度和大小，而极地涡旋也受极地以外地区的天气变化的影响，如太平洋的温度。由于推动气候变化的因素之间存在许多联系，很难将臭氧损耗的影响与其他因素区别开来，因此，人们还不完全了解臭氧损耗对南半球区域天气模式变化的影响。

图 3-1　南半球地图，显示平流层臭氧损耗如何影响气候和环境，以及这些变化对陆地生态系统和人口的影响

注：图片更新自 Janet F Bornman, Paul W Barnes, T Matthew Robson, Sharon A Robinson, Marcel A K Jansen, Carlos L Ballaré & Stephan D Flint. Linkages between stratospheric ozone, UV radiation and climate change and their implications for terrestrial ecosystems. Photochemical & Photobiological Sciences 18, no.3 (2019): 681-716. https://doi.org/10.1039/C8PP90061B. 图片由澳大利亚伍伦贡大学的 Sharon A. Robinson 提供。

　　图 3-1 显示了平流层臭氧损耗与环境影响之间的联系。符号表示受影响的生物、生态系统或实体的类型。箭头表示对生物多样性的影响方向：向上为积极影响，向下为消极影响。双向箭头表示生物多样性发生了变化。红色阴影和蓝色阴影分别表示温度升高和温度降低的区域。变得更加湿润、更加多风、更加干燥、更加温暖和更加寒冷的地区用相应的符号表示。对于所有环境指标而言，臭氧损耗引起这些不同变化的机制尚不明确。

臭氧恢复扭转气候和天气趋势

模型显示，预计 21 世纪上半叶平流层臭氧的恢复将扭转气候带向两极移动的趋势，转而向赤道方向移动。然而，CO_2 等温室气体的预期增加抵消了这种扭转。如果大气中的温室气体浓度继续上升，气候带向极地的移动就可能持续下去。21 世纪下半叶，当大部分 ODS 从大气中清除，季节性臭氧空洞将不再出现，温室气体的影响将占主导地位，气候带将进一步向两极移动。由于未来 50 年可能会出现许多气候反馈（如海冰和海洋温度的变化），目前还不清楚这种转变将如何影响南美洲、南非和澳大利亚的天气模式。

与南极地区相比，北极地区的平流层臭氧损耗并不严重

北极地区的臭氧损耗对北半球天气的影响还不太明确。不过，有证据表明，2020 年 3—4 月北极地区的臭氧损耗异常严重，导致亚洲和欧洲在事件发生后的几个月内气温异常升高。例如，2020 年 6 月 20 日，西伯利亚小镇维尔霍扬斯克的气温创下了 38℃的新纪录，这是北极圈附近有记录以来的最高气温。

UV 辐射对人体健康有哪些有害影响？

UV 辐射会对皮肤和眼睛造成伤害。皮肤暴露于 UV 辐射下会导致晒伤、皮肤老化、皮肤炎症和皮肤癌。眼睛暴露于 UV 辐射下会导致白内障和翼状胬肉等疾病。对于生活在 UV 辐射强度非常高的地区（如澳大利亚和新西兰）的浅色皮肤人群来说，这种风险尤其高。

- -

皮肤暴露在 UV 辐射下会导致晒伤和皮肤癌

皮肤过度暴露于 UV 辐射下会导致晒伤，浅色皮肤的人身上表现为发红，并可能引起疼痛、水疱和脱皮。反复暴露在 UV 辐射下会导致皮肤老化和皮肤癌。

皮肤暴露于 UV 辐射下会导致三种常见的皮肤癌，分别是黑色素瘤、鳞状细胞癌和基底细胞癌。鳞状细胞癌和基底细胞癌统称角质细胞癌。黑色素瘤是最致命的皮肤癌。全世界每年约有 32.5 万人患黑色素瘤，约 5.7 万人死于此病。据估计，62% ~ 96% 的黑色素瘤是由于皮肤暴露在阳光下引起的，这取决于特定国家的 UV 辐射强度和计算这一百分比的方法。角质细胞癌会导致严重的毁容，尤其是发生在面部的角质细胞癌，但是其很少致命。不过，角质细胞癌对于某些人来说可能是致命的，尤其是那些接受过器官移植或服用抑制免疫系统药物的人。例如，在澳大利亚，角质细胞癌是所有癌症中花费最高的，每年花费约 13 亿澳元。

UV 辐射通过破坏 DNA 和抑制免疫系统导致皮肤癌

皮肤暴露于 UV 辐射下会通过多种机制导致皮肤癌（图 4-1）。UV-B 辐射会直接损伤细胞内的 DNA。UV-A 辐射和程度较小的 UV-B 辐射也会通过邻近分子产生的活性氧间接损伤 DNA。然而，如果在细胞分裂前没有进行修复，突变就会持续存在，并传递给细胞分裂过程中产生的两个新细胞。每一个新产生的细胞都可能经历进一步的 DNA 突变，并将这些额外的突变传递给它们的子细胞。

如果 DNA 突变持续累积，细胞最终会失去对细胞分裂的控制，变成癌细胞。免疫系统在识别和消灭癌细胞方面发挥着关键作用，但不幸的是，暴露于 UV 辐射下会抑制免疫系统。因此，UV 辐射既会造成细胞癌变，又会阻止免疫系统发现和消灭癌细胞。

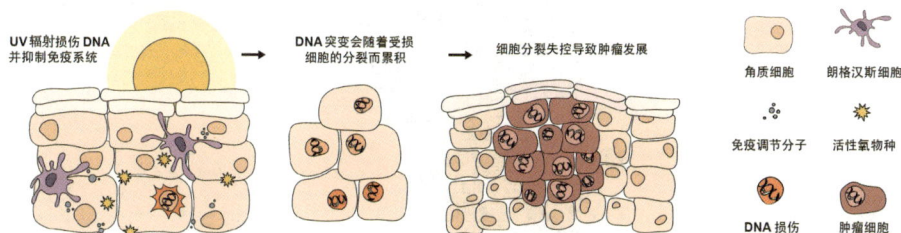

图 4-1　UV 辐射通过多种机制导致皮肤癌

这些机制包括直接损伤 DNA、通过产生活性氧的间接损伤以及免疫抑制。角质细胞是皮肤表层（表皮）的细胞。表皮中的大多数细胞都是角质细胞。朗格汉斯细胞是存在于皮肤中的免疫细胞。免疫调节分子是受 UV 辐射而上调或下调的化学物质，可影响免疫系统对变异细胞的反应。

据估计，《蒙特利尔议定书》将为 1890—2100 年在美国出生的人群预防约 1100 万例黑色素瘤和 4.32 亿例角质细胞癌。

世界各地的皮肤癌发病率各不相同

皮肤癌的发病率在 UV 辐射强度高、浅色皮肤人群较多的国家较高，其中在澳大利亚和新西兰最高；而在深色皮肤人群较多的国家较低（图 4-2）。澳大利亚的黑色素瘤发病率比世界上发病率最低的国家（赤道几内亚）高 228 倍。

皮肤癌的发病率随着时间的推移而发生变化

在有记录的国家中，皮肤癌的发病率在过去 40 年中均有所上升（图 4-3）。这很可能是由于 20 世纪中叶人们晒太阳的习惯发生了变化。1950—1980 年出生的人被鼓励晒太阳，而防晒措施并未得到广泛推广。随着这些人步入中老年，他们罹患皮肤癌的数量明显增加。然而，在一些国家，年轻人群的发病率趋于平稳，甚至有所下降（图 4-3）。这可能是由于公共卫生运动促使越来越多的人采取防晒措施，如使用防晒霜、帽子和衣服等。

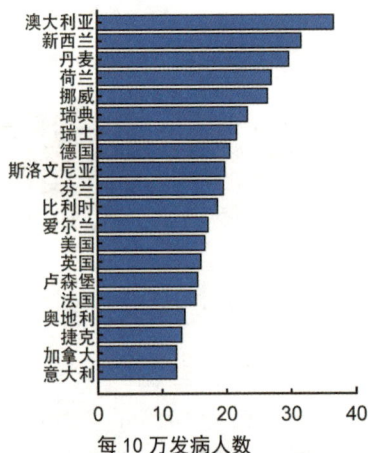

每 10 万发病人数
（a）黑色素瘤发病率最高的 20 个国家

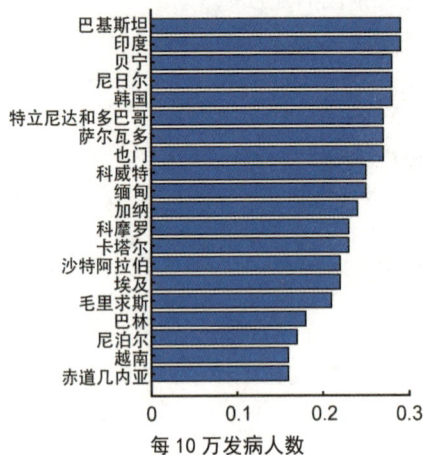

每 10 万发病人数
（b）黑色素瘤发病率最低的 20 个国家

图 4-2 黑色素瘤发病率最高的 20 个国家和最低的 20 个国家
数据以每年每 10 万人的病例数表示（按世界标准人口进行年龄标准化）。

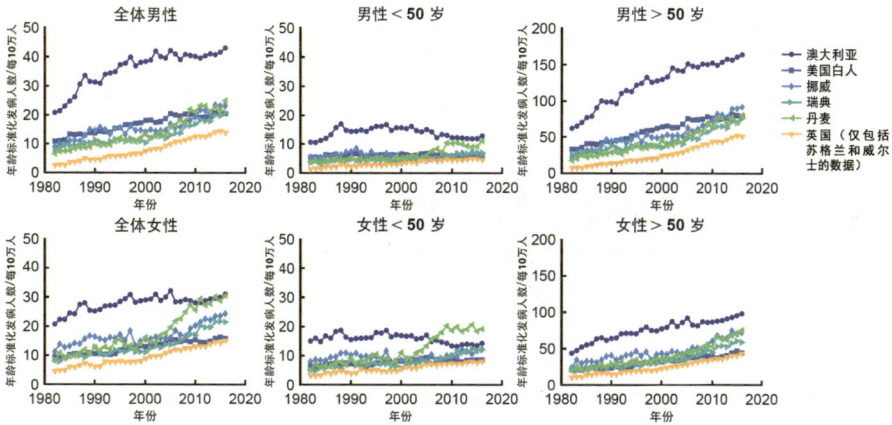

图 4-3　1982—2016 年，6 个以浅色皮肤人口为主的国家
按性别和年龄分列的黑色素瘤发病率

纵轴表示每年每 10 万人中黑色素瘤的病例数（按世界标准人口进行年龄标准化）。请注意，右侧两张图（年龄大于 50 岁的男性和女性）的纵轴不同。

皮肤暴露在 UV 辐射下会导致皮肤炎症

有些人的皮肤暴露在 UV 辐射下会引起免疫系统的过度反应，从而导致炎症性皮肤病，即光源性皮肤病。光源性皮肤病有多种不同类型，每种类型的症状各不相同，但典型的症状是日晒后皮肤疼痛、严重瘙痒、发红、起水疱并留下疤痕。这些症状会对人们的生活质量造成负面影响，一是因为直接的症状，二是因为人们不得不减少户外活动。目前尚不清楚这些病症的常见程度，因为登记册中没有对其进行常规记录。

阳光照射会对眼睛造成伤害

如表 4-1 所示，眼睛暴露在阳光下会导致多种眼部疾病。发生在眼睛内部的黑色素瘤、黄斑变性（影响眼球后部的视网膜，导致视力下降）和青光眼（眼压升高）等其他疾病也可能受阳光照射的影响，但这一点尚未得到证实。

白内障是导致视力下降的最常见原因。通过摘除混浊的晶状体并换上人工晶状体，这种疾病是可以治愈的。白内障是全球失明的主要原因之一。2015 年，由白内障引发失明的人数占失明总人数的 35%。1990—2019 年，白内障导致的全球残疾负担几乎翻了一番。据估计，在东亚、东南亚和撒哈拉以南非洲地区的一些国家，白内障导致的中度至重度视力损伤比例高于世界平均水平。这可能是由于这些国家的 UV 辐射强度高，且手术治疗的机会少。

表 4-1　眼睛暴露在阳光下导致的眼部疾病

疾病	定义
白内障	晶状体不透明，导致视力受损
翼状胬肉	由增厚的结膜（眼睑内侧和眼窝的衬膜）横跨角膜生长而成的肉质赘生物
角膜或结膜鳞状细胞癌	类似于皮肤癌，但发生在眼球表面
光性角膜炎 / 光性结膜炎	光性角膜炎又称"雪盲症"，影响角膜（眼睛表面），而光性结膜炎影响结膜
眼睑裂斑	一种局限于结膜的白色或黄色小突起，可发生在眼睛的内侧或外侧

注：下图是眼睛的解剖示意图。3 个箭头从上到下分别表示 UV-B、UV-A 和可见光辐射对眼睛的不同穿透率。

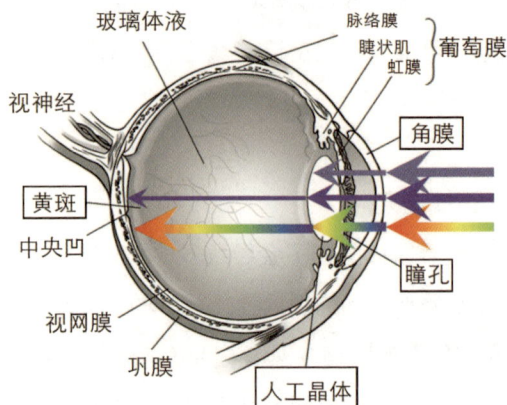

Q5

问题 5：
暴露在 UV 辐射下有什么好处？

皮肤暴露在 UV 辐射下会促进维生素 D 的合成，而维生素 D 是维持血液中钙含量充足所必需的。维生素 D 不足会导致骨骼变软，增加骨折风险。维生素 D 可以在更广泛的健康方面发挥作用。暴露在 UV 辐射下可能带来的其他好处包括降低自身免疫性疾病（如多发性硬化症）、高血压、近视和抑郁症的发生风险。

- -

虽然皮肤和眼睛暴露在 UV 辐射下会造成严重危害（见问题 4），但其也有重要益处（图 5-1）。其中，一些益处来自 UV 辐射，另一些益处则来自可见光等波长较长的辐射。由于造成许多危害和益处的波长范围存在重叠，因此很难找到最佳平衡。

皮肤暴露在 UV-B 辐射下的最大好处是合成维生素 D。当 UV-B 辐射照射皮肤时，皮肤中存在的一种化合物（7- 脱氢胆固醇）会转化为维生素 D_3 前体，随后会转化为维生素 D_3，并通过血流输送到肝脏。在肝脏内，维生素 D_3 会转化为另一种化学物质｛25- 羟维生素 D[以下简称 25(OH)D] ｝（图 5-2）。25(OH)D 在体内的活性极低，但它会在血流中停留很长时间，是体内维生素 D 储存量的良好指标。医生和科学家通过测量这种化学物质来确定人体内的维生素 D 状态。25(OH)D 会被运送到肾脏，在那里转化为维生素 D 的活性形式，也称骨化三醇（图 5-2）。骨化三醇在血液中循环，对维持血液中钙的正确含量尤为重要。骨化三醇能促进食物中钙的吸收，并减少钙在尿液中的分泌。缺乏足够的维生素 D 会导致骨骼变软。在儿童中，这种情况称为佝偻病；在成人中，这种情况称为骨软化症。

图 5-1　《蒙特利尔议定书》及其修正案防止了 UV 辐射强度的过度增加

这使得人们可以在户外活动，享受阳光带来的诸多益处，而这些益处可能是其他情况下难以获得的。

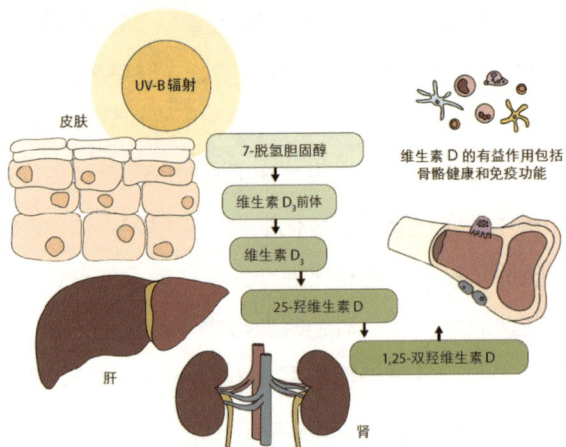

图 5-2　维生素 D 在皮肤中合成，在肝脏和肾脏中形成活性产物

UV 辐射能够将皮肤中的 7- 脱氢胆固醇转化为维生素 D_3 前体。

维生素 D 能使我们保持健康

除了维持稳定的钙水平以及对骨骼和肌肉产生重要影响，维生素 D 还在我们的身体中发挥着其他重要作用——它控制着细胞繁殖或死亡的方式，影响控制血压的途径，并调节免疫系统。越来越多的证据表明，维生素 D 在预防癌症、传染病和自身免疫疾病（如多发性硬化症）发生中发挥着重要作用。

自 COVID-19 疫情暴发以来，许多研究关注维生素 D 对 COVID-19 感染风险或严重程度方面可能发挥的作用。证据尚不一致，但考虑到有相当有力的证据表明维生素 D 在其他呼吸道感染中发挥了积极作用，以及在小鼠研究和实验室中对免疫细胞的影响，在感染风险较高时避免维生素 D 缺乏是明智的。

血液中需要一定量的 25(OH)D

目前还不清楚保持最佳健康状态需要多少 25(OH)D，部分是由于测量 25(OH)D 的实验室测试不准确、不精确。就骨骼健康而言，许多专家认为 25(OH)D 的浓度达到 50 纳摩尔 / 升就能够避免对骨骼造成伤害。如果低于这个临界值，就会被认为缺乏维生素 D。从不同类型的研究中得出的大多数证据表明，这一浓度也足以预防其他可能的不良健康状况。

全球维生素 D 缺乏症的发病率各不相同，有些国家超过 75% 的人口处于维生素 D 缺乏状态（图 5-3）。然而，大多数国家没有进行过高质量的调查。

充足的维生素 D 水平可以通过户外活动来维持

人体皮肤合成维生素 D 的效率非常高。只要有足够的皮肤暴露在外（如穿短袖衬衫和短裤），少量的 UV-B 辐射就能满足人体的需要。重要的是，研究表明，经常使用防晒霜并不会妨碍皮肤合成人体所需的维生素 D。然而，获得维持足够维生素 D 所需的 UV-B 辐射量所需的时间会因肤色、地理位置、季节和一天中的时间而有显著差异。在热带和亚热带地区，一年之中，浅色皮肤的人只需每天在 8:00—16:00 进行少量户外活动（少于 15 分钟）就能产生足够的维生素 D。在离赤道较远的地方，冬季可能无法合成足够的维生素 D，因为需要长时间在户外

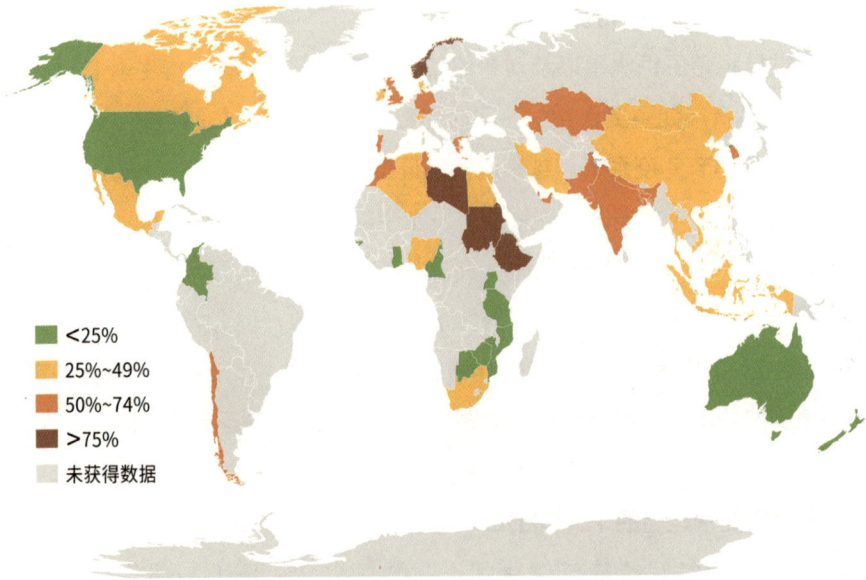

图 5-3　全球维生素 D 缺乏症的患病率

数字表示报告的维生素 D 缺乏症 [25(OH)D ＜ 50 纳摩尔 / 升] 的人口百分比。

活动，皮肤要长时间暴露在外，而天气条件使大多数人难以做到这一点。不过，维生素 D 可以在体内存留数月，因此，在其他季节获得充足的阳光照射，也许可以满足整个冬季的需要。例如，在英国，皮肤白皙的人在 3—9 月，每天中午前后在户外活动 10 分钟（6—8 月只露出小腿和胳膊，3—5 月和 9 月只露出手和脸部）就能全年保持足够的维生素 D 水平。与浅色皮肤的人相比，深棕色或黑色皮肤的人需要更多的户外活动时间（1.5 ~ 3.0 倍，尽管这个数字还不确定），才能通过阳光满足人体对维生素 D 的需求。

将皮肤暴露在 UV 辐射下除了能产生维生素 D，还有其他好处

　　将皮肤暴露在 UV 辐射下对人体的健康有益，其中一些益处是由 UV 辐射对整个免疫系统的积极影响促成的。特别是 UV 辐射会抑制免疫系统中导致自身免疫性疾病（如多发性硬化症和 1 型糖尿病）的途径。还有一些证据表明，UV 辐射可能会使皮肤释放化学物质，从而降低患高血压和代谢疾病（如肥胖和 2 型糖尿病）的风险。不过，这些益处还有待证实。

除 UV 辐射外，户外活动还能通过其他太阳辐射波长为人们带来其他益处。可见光有助于维持昼夜节律，这对睡眠、情绪和注意力的集中非常重要。户外活动时间与儿童近视（近视眼）的发展之间也存在联系，光照时间越久，近视率越低。

问题6：
UV-B 辐射对植物和陆地生态系统有哪些影响？

UV-B 辐射对陆地生态系统中的植物生产力、农作物产量和质量以及生物多样性既有积极影响，也有消极影响，具体取决于植物暴露于其中的量。气候变化与平流层臭氧损耗之间的相互作用会极大地影响植物对 UV-B 辐射的反应，从而对生态系统的健康和服务及粮食安全产生影响。

UV-B 辐射对植物有多种影响

植物的生长和繁殖需要阳光，但这也意味着它们在生长过程中会暴露在大量的 UV-B 辐射下。如果没有《蒙特利尔议定书》，高水平的 UV-B 辐射就会损害重要分子（如 DNA、蛋白质和脂质），并抑制光合作用、生长和繁殖（图6-1）。这些影响可能会降低植物通过光合作用从大气中清除 CO_2 的能力，从而导致更严重的气候变化。在目前的 UV-B 辐射水平下，农业生产力和粮食安全可能不会受到威胁，因为大多数植物具有耐受 UV-B 辐射的保护机制。

植物能够适应不断变化的 UV-B 辐射水平

植物通过多种机制免受 UV-B 辐射的有害影响。最常见的机制之一是在表皮组织（皮肤）中产生和积累防晒色素，从而将到达 DNA 等敏感分子的 UV-B 辐射量降到最低。防晒色素的含量会随着 UV-B 辐射暴露而增加，有些植物可以根据 UV-B 辐射的日变化和季节变化迅速调整这些色素的合成（图6-2）。其他保护机制包括增加叶片厚度和高效修复 DNA 损伤。

图 6-1　高水平的 UV-B 辐射对植物的潜在影响

红色爆炸图标表示 UV-B 对 DNA、蛋白质和光系统 II 的破坏。红色箭头表示增强或减弱植物性状或过程的影响。

图 6-2　南极洲东部凯西站附近长满苔藓和地衣的岩石

注：图片由澳大利亚伍伦贡大学的 Sharon A. Robinson 提供。

初夏时节，南极苔藓从雪下钻出，可能暴露于高水平的 UV-B 辐射下。处于受保护区域（如融水下或小洼地）的苔藓将保持绿色；然而，暴露在脊上的苔藓会迅速积累保护性防晒色素，从图 6-2 中的红褐色就可以看出这一点。

UV-B 辐射对农作物既有有利影响，也有不利影响

UV-B 辐射会影响各种植物器官的化学成分。这些变化会影响农作物的食用品质和药用植物的药用成分。其中，一些化学变化对人类和牲畜有益，而另一些化学变化会降低植物的可消化性［图 6-3（a）］。例如，在某些作物中，UV-B 辐射会增加黄酮类化合物的数量，黄酮类化合物因其抗氧化特性而对人体健康有益。这些化学成分的变化可以增强植物对干旱和极端温度的耐受力，并提高其对害虫和病原体的防御能力。这些是农业生态系统对 UV-B 辐射的重要间接防御措施［图 6-3（b）］。

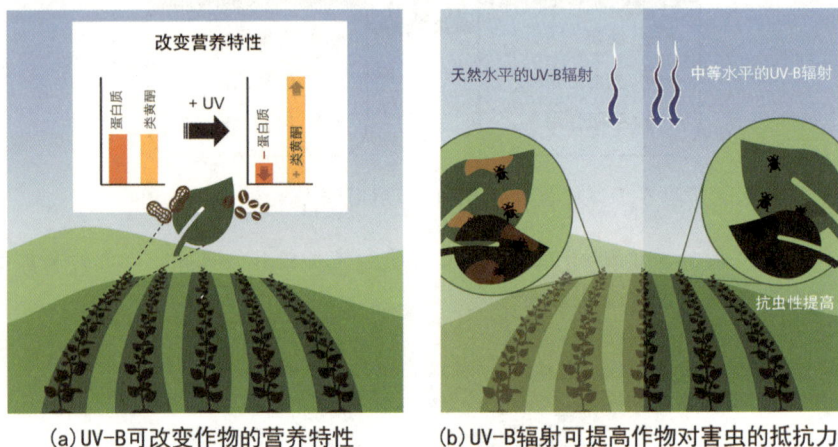

（a）UV-B 可改变作物的营养特性　　（b）UV-B 辐射可提高作物对害虫的抵抗力

图 6-3　UV-B 辐射对农作物的有益影响

UV-B 辐射会影响生态系统，并对生物多样性产生潜在的负面影响

农作物和野生植物受到的 UV-B 辐射量不仅受平流层臭氧影响，也受气候变化影响。为了应对气温升高，许多植物物种正在向高海拔地区迁移［迁移到 UV-B 辐射水平较高的环境中（图 6-4）］，或向高纬度地区迁移（那里的 UV-B 辐射水平较低）。这些植物物种在生态系统中的分布变化会改变植物的化学组成和生长模式，影响植物和昆虫之间的相互作用方式，并改变植被结构。综合考虑，这些变化可能会减少生物多样性。

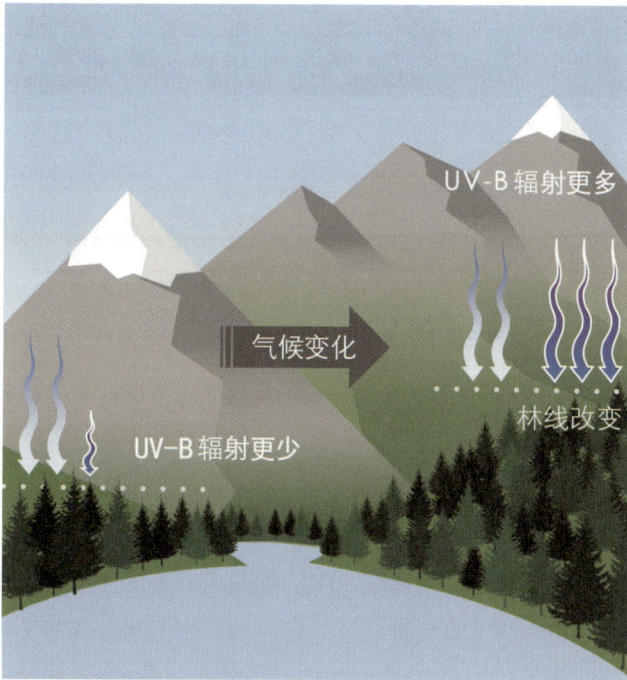

图 6-4　UV-B 辐射对物种分布和生态系统的影响

　　气候变化导致气温升高，使植物向海拔更高的地方迁移，那里的 UV-B 辐射水平更高。

大多数生物能适应高水平的 UV-B 辐射，但气候变化可能会挑战它们的生存

　　极地地区、高海拔山区和热带地区是最有可能受气候变化引起的 UV-B 辐射变化负面影响的生态系统。由于热带地区自然 UV-B 辐射水平较高，生活在此的植物已经进化出了抵御 UV-B 辐射的保护机制。然而，UV-B 辐射和气候变化的综合影响可能会超过植物对条件变化的适应和调整能力，从而对植物的生存构成严重威胁。例如，气候变化导致高纬度和高海拔地区降雪量减少，这使得某些植物在一年中的某些时候很容易受 UV-B 辐射（因为它们没有雪"毯"的保护）和不利环境条件（因为雪能保持稳定的土壤温度）的影响，因为这些植物可能无法适应这些变化。例如，在北极苔原和南极洲的一些地区，这种现象就很明显。

阳光中的 UV-B 辐射可以穿透河流、湖泊和海洋水域，对许多生物和化学物质产生影响。水下 UV 辐射暴露量存在巨大差异，这些差异受纬度、海拔、深度、冰层覆盖和水体透明度等因素的控制。UV-B 辐射的净效应取决于 UV 辐射的照射量、生物或化学物质的敏感度以及生物为抵御 UV-B 辐射造成的损害而产生的机制。气候变化通过调节冰盖、混合程度和水体透明度来改变 UV 辐射对水的穿透。

UV-B 辐射可以穿透水体

颜色和透明度控制着 UV 辐射在水中的穿透力，不同类型的水体（如河流、湖泊和海洋）之间可能存在巨大差异。溶解性有机质的浓度通常是控制水体透明度的主要因素。高浓度的溶解性有机质会使水体呈现棕色，就像茶或咖啡的颜色一样。在湖泊、池塘及被丰富的森林和湿地环绕的沿海地带，溶解性有机质的浓度可能较高，在这些地方，UV-B 辐射的穿透力通常不足水下 1 米。在溶解性有机质浓度较低的清澈水域，UV-B 辐射可以穿透到很深的地方，有时可达数十米甚至更深。对于大多数水域来说，溶解性有机质的浓度和 UV-B 辐射的穿透深度介于这两个极端之间，并随季节和降雪量或降水量的变化而变化。

UV-B 辐射会影响水生生物和水化学

当生物暴露在高水平的 UV-B 辐射下时，其重要的细胞成分（如蛋白质、DNA 和脂质）会受到损害。继而，这种损害会抑制生物生长和繁殖，严重时还会导致其死亡。例如，海胆胚胎的发育会受到严重影响，导致发育异常（图 7-1）。大量的 UV-B 辐射还能降低病原体和寄生虫的毒性或将它们杀死。缺乏外壳或皮肤结构的单细胞或小型生物尤其易受到影响。鱼卵和幼鱼（幼虫）对 UV 辐射（包括 UV-B 辐射和 UV-A 辐射）也很敏感。同时，成年鱼通常对紫外线伤害不敏感，但有些鱼在高水平紫外线环境中会患皮肤癌。生活在水下 UV 辐射水平较低水域（如沿海地区）的生物，往往比生活在近海、适应较高水平 UV 辐射的生物对 UV 辐射更加敏感。

生物经过数十亿年的进化，拥有各种适应 UV-B 辐射的工具。一些水生生物可以看到 UV 辐射并避开 UV 伤害高的区域。此外，与人类皮肤在阳光照射下变黑的原理类似（由于黑色素的产生），一些生物还能制造或摄取色素，保护自己免受 UV 的伤害。这些特性和反应有助于许多类型的水生生物适应 UV 辐射水平。

与 UV 辐射会使户外材料褪色的原理类似（见问题 11），UV 辐射也会分解物质并改变自然界的化学成分。在水下，UV 辐射会导致植物和动物尸体（有机质）腐烂。UV 辐射还能分解石油污染物，这种分解过程通常会向空气中释放 CO_2。它还能刺激细菌进一步分解有机物，从而释放出更多的 CO_2。

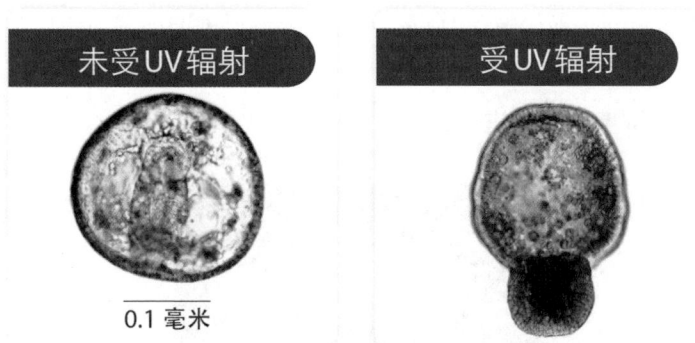

（a）正常胚胎（未暴露于 UV 辐射）（b）暴露于 UV 辐射后发育异常的胚胎

图 7-1　UV 辐射对绿海胆（*Strongylocentrotus droebachiensis*）胚胎的影响

注：图片改编自 N L Adams, J P Campanale & K R Foltz. Proteomic responses of sea urchin embryos to stressful ultraviolet radiation. Integrative and Comparative Biology, 52(5), 665-680 (2012). https://doi.org/10.1093/icb/ics058 的 Figure 1。图片使用经 Nikki L. Adams 授权。

气候变化导致的气温升高和气候模式变化会影响 UV 辐射对水生环境的影响。科学家发现，这种影响以多种方式发生，包括冰盖的变化、海洋和湖泊中的水循环以及水体透明度对 UV-B 辐射的变化。

湖泊和海洋的冰盖正在减少

冰盖存在时，可以保护水体免受 UV 辐射。然而，在极地海洋和许多历史上至少有季节性结冰的湖泊的冰覆盖面积一直在减少。例如，1996—2022 年，北冰洋的冰覆盖率的年最小值从 63% 降至 41%，目前的冰覆盖率比长期中值低 25%（图 8-1）。温度升高也意味着冰面上会形成更多的池塘，这增加了 UV 辐射透过剩余冰层的穿透力，进一步提高了水下的 UV 辐射水平。

图 8-1 北极海冰减少
注：图片由美国国家冰雪数据中心提供。

2022 年 9 月季节性最小冰盖范围（白色区域）与 1981—2010 年 9 月冰缘中位数（橙色线）的对比图。现在，UV-B 辐射会穿透北冰洋以前受到保护的区域。

混合层的深度在不断变化

风会混合大多数水体的表层水，这层水被称为混合层。自由漂浮在这一区域的生物和物质会有规律地混合，当它们经过水面附近时，就会暴露在 UV-B 辐射下（图 8-2）。混合层越深，暴露于 UV-B 辐射的程度就越低（平均值）；而混合层越浅，暴露于 UV-B 辐射的程度就越高。气候变化一直在改变许多水体的混合层深度，从而改变了 UV-B 辐射的暴露水平。例如，在海洋中，许多地区的混合层越来越深，从而减少了混合层中 UV-B 辐射的平均暴露量。

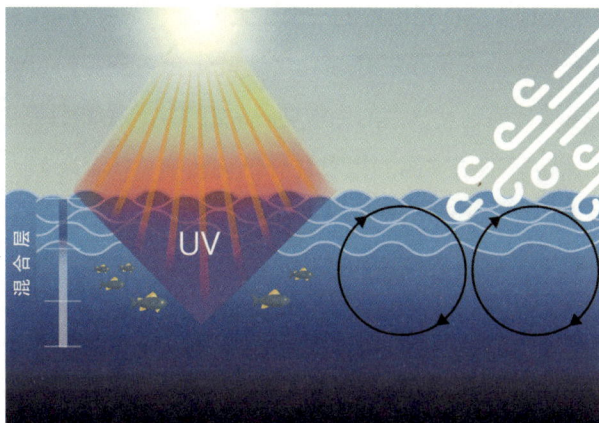

图 8-2　湖泊或海洋水柱示意图

黑色圆圈表示风与水混合的深度。海洋上空的风力一直在增加，在许多地区，海洋表层水的混合深度比几十年前更深。

溶解性有机质的浓度正在增加

在过去 20 年中，许多地区水体中的溶解性有机质浓度一直在增加，从而降低了 UV 辐射的穿透力和水下 UV 辐射的暴露量，如美国东北部和欧洲西北部。区域降水量的增加、温度的升高以及严重风暴等极端事件的发生，加剧了河流、湖泊和沿海地区的溶解性有机质和其他吸光物质的输入。持续发生的气候变化在未来的数年至数十年可能会进一步减少水下 UV 辐射。

问题 9：
UV 辐射的变化会影响空气质量吗？

据估计，全球每年有超过 400 万人因室外空气污染而过早死亡。空气污染还会损害农作物，导致产量减少约 10%。空气污染造成的危害取决于排放到大气中的化合物的特性和数量，以及它们与 UV 辐射和气候变化的相互作用。对空气质量的净影响取决于所有这些因素的变化。

空气质量差是全球人类健康面临的一个重大风险

我们呼吸的空气中含有复杂的化合物，这些化合物会受到 UV 辐射的影响。这些化合物包括直接释放到大气中的化学物质，如燃烧产生的氮氧化物（NO_x），以及来自植物和涂料等不同来源的挥发性有机化合物（VOCs）。臭氧和含氧挥发性有机化合物（OVOCs）等其他化学物质在大气中形成的过程主要由太阳 UV 辐射驱动（图 9-1）。平流层臭氧的变化和气候变化会影响这些大气污染物的产生和归趋。

细颗粒物（$PM_{2.5}$，小于 2.5 微米的颗粒）被认为是污染空气中对人类健康构成最大威胁的物质之一。最近的估计发现，在美国，超过一半质量的颗粒物是在 UV 辐射驱动的过程中产生的。

除了形成颗粒物，UV 辐射还引发了许多其他化学反应，这些反应参与了烟雾的形成，其中最值得注意的是，生成对人类和植物的健康同样产生重大影响的地面臭氧（对流层臭氧）。UV 辐射也参与了地面臭氧的分解，这一过程会产生羟基自由基，而羟基自由基是对流层的主要清洁剂。羟基自由基与挥发性有机化合物、氮氧化物和二氧化硫（SO_2）等化合物发生反应，通常会使臭氧再生。任何影响 UV 辐射量的因素（如云和平流层臭氧）都会改变这一复杂的循环。

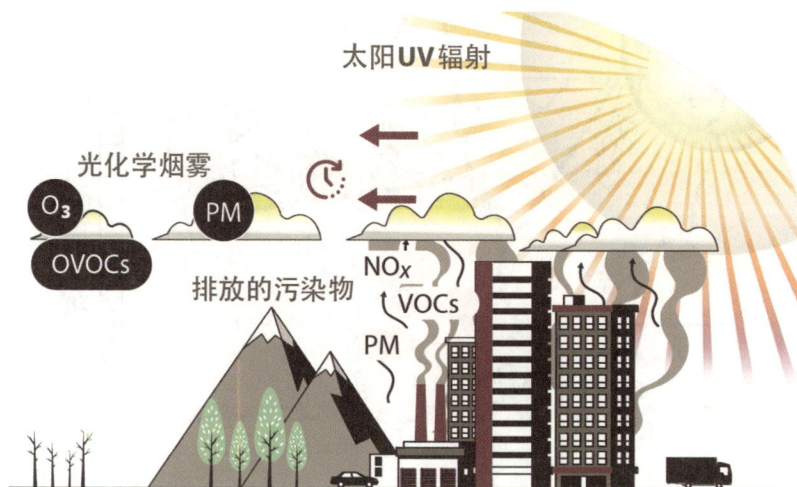

图 9-1　空气质量组成

　　空气质量是对我们呼吸的空气健康状况的一种概括。人类活动会向大气释放大量化学物质，包括挥发性有机化合物、氮氧化物和颗粒物。在大气中，太阳 UV 辐射可将它们转化为一系列其他化合物，包括其他有害颗粒物、含氧挥发性有机化合物和臭氧。最终，太阳辐射会清除大气中的污染物，尽管这需要很长时间。

《蒙特利尔议定书》实施后预期的地面臭氧变化

　　《蒙特利尔议定书》的实施和气候变化导致平流层臭氧浓度增加，预计会降低污染地区的地面臭氧浓度，从而改善空气质量。此外，由于地面臭氧浓度的增加，污染较小地区的空气质量预计会恶化。图 9-2 显示了平流层臭氧增加 5% 对美国西部地面臭氧造成的预期变化。虽然这些变化不容忽视，但通过减少氮氧化物和挥发性有机化合物的排放，可能会有更大的变化。

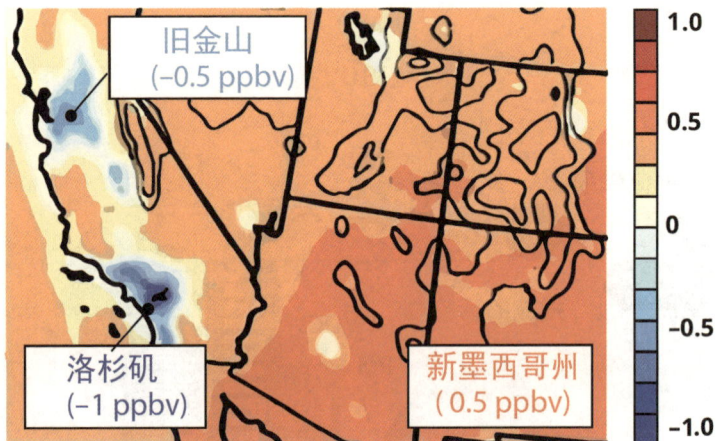

图 9-2 平流层臭氧恢复后地面臭氧的预期变化（单位：十亿分之一体积，ppbv）

　　平流层臭氧浓度的增加将减少地球表面的 UV-B 辐射，从而改变地面臭氧的产生和去除。图中显示，在美国西部，由于平流层臭氧增加 5%，预计大城市地区的地面臭氧将减少，而其他地区将增加。

问题 10:
替代现有 ODS 的化学品是否会带来新的环境问题?

新的 ODS 替代品在获准使用之前，都要测试其对于人类和环境的安全性，迄今为止，几乎没有发现任何问题。然而，我们必须避免大意，并对这些物质实行负责任的管理。

ODS 及其替代品对气候和环境有影响

CFCs 和哈龙被广泛用作制冷剂和其他各种用途，最初被认为对环境是安全的，但事实证明并非如此。一旦进入平流层，这些物质就会释放氯和溴，从而破坏平流层臭氧。此外，CFCs 还是温室气体，会导致全球变暖。20 世纪 80 年代，作为对《蒙特利尔议定书》的回应，氢氟碳化物（HFCs）被提出作为 CFCs 的替代品时，人们才意识到这些化学品的全球变暖潜力。一旦认识到它们的全球变暖潜力，HFCs 显然只能作为短期解决方案。

ODS 及其替代品的降解产物能够在环境中积累

目前 CFCs 的替代品（如碳氢化合物和氟代烯烃）对平流层臭氧和气候的影响小于 HFCs。这是因为它们在到达平流层之前就已经降解，而且全球变暖潜能值较低。然而，三氟乙酸（TFA）作为其中几种化学品的最终大气降解产物（图 10-1，①），因其在环境中的持久性而引起关注。TFA 易溶于水，会被降水从大气中清除（图 10-1，②和③）。到达陆地后，TFA 与土壤中的矿物质和水结合形成 TFA 盐（图 10-1，④），流入地表水和海洋（图 10-1，⑤）。在几乎没有或完全没有水流流出且蒸发量高的地区（如海洋和盐湖），TFA 盐的浓度会随着时间的推移而增加。不过，对于湖泊和海洋来说，氯化钠（NaCl）等天然矿物盐和其他水溶性矿物质浓度增加的影响比 TFA 盐造成的影响更大，对生物的影响也更大。土壤中的 TFA 盐会被植物根部吸收，并集中在叶片中，似乎不会产生影响。如果动物吃了叶子，TFA 盐会被迅速排出体外，不会在动物体内或食物链中积累。

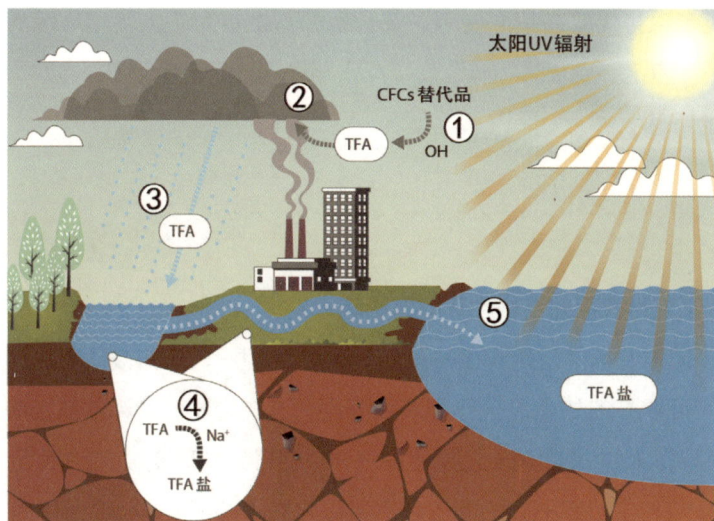

图 10-1　TFA 从哪里来，又到哪里去？

TFA 是由大气中的一系列氟化气体降解形成的①。一旦形成，它会迅速溶解在云水中②，并通过雨水或雪水到达地球表面③。在与土壤或自然水接触后，它会与钠等金属离子形成盐类物质④。这些盐分随地表水流动，直至到达终端流域（如盐湖）或海洋⑤。TFA 盐的浓度在降水和流动的地表水中最低，在海洋中稍高，在与其他矿物盐一起聚集的较小终端流域中浓度最高。

根据当前认知，降解产物不会造成环境问题

根据对当前和未来 HFCs 和其他 CFCs 替代品使用情况的估算，向海洋中额外输入的 TFA 比历史上的含量略有增加（每年少于 0.5%）。无论是现在还是未来，地表水和终端流域中的 TFA 预测浓度都比对人类或环境健康构成威胁的阈值低几千倍。然而，TFA 也会通过其他人造产品（如塑料、杀虫剂和药品）降解产生。由于 TFA 在环境中会持续存在，这些额外的来源强调了对 TFA 浓度进行持续监测和考虑其潜在环境影响的必要性。

问题 11：
暴露在太阳 UV 辐射下对户外材料的使用
寿命有何影响？

　　建筑、交通、能源行业和纺织品中常用的材料在其使用寿命期间经常暴露在太阳 UV 辐射下。一般情况下，暴露在太阳 UV 辐射下所造成的使用特性（如机械强度）或表面特性（如颜色和粗糙度）的损失决定了其在户外的使用寿命。控制 UV 诱导降解的可用策略包括表面涂层或添加极低浓度的化合物作为防晒剂。这些添加剂虽然能有效控制不同暴露条件下 UV 辐射引起的降解，但增加了常规户外使用材料的总寿命成本。此外，其中一些添加剂可能会在使用过程中或处置后从材料中渗出，并因其毒性而危害生态系统。

材料暴露在阳光下会降解

　　建筑行业和纺织品中使用的一些材料是碳基聚合物，它们吸收太阳 UV 辐射后会降解。这些聚合物材料包括木材、纸制品、合成聚合物（如塑料和橡胶）及纺织品（如羊毛和聚酯）。这些聚合物具有特定的化学基团（生色团），可以吸收太阳 UV 辐射并导致降解。在木材等材料中，生色团是聚合物结构的一部分，而聚乙烯塑料等其他材料中含有吸收太阳 UV 辐射的化学杂质。

　　吸收太阳 UV 辐射会引发化学反应，破坏聚合物的长链结构，从而导致材料降解。由于材料的强度和预期特性（如外观和表面特性）依赖于长而完整的聚合物链的存在，吸收 UV 辐射会损害户外使用的木材和塑料的耐用性和外观等特性。此外，在光伏模块、建筑施工和有机保护涂层等应用中，使用寿命的缩短导致材料加速更换，从而增加了使用成本。

褪色、黄变和脆化是光化学降解的迹象

　　当材料暴露在太阳辐射下时，会出现三种降解迹象——褪色、黄变和脆化（图11-1）。

图 11-1　阳光导致材料降解的迹象

褪色。褪色是一种主要由 UV 辐射引起的颜色变化，除此之外，热量和可见光也会造成这种现象。在油漆、涂料、木制品、纺织品和塑料中都能观察到褪色现象。UV-B 辐射在太阳光谱中能量较高，但强度低于其他波长的辐射。UV-B 辐射导致织物和涂层褪色的现象很常见，而且往往会限制其使用寿命。UV-A 辐射的能量低于 UV-B 辐射，但在地球表面，太阳辐射中 UV-A 的比例高于 UV-B。因此，UV-A 辐射是造成褪色的主要原因。

黄变。当暴露在太阳辐射下时，塑料可能会随着时间的推移而变黄，这一过程通常需要氧气（空气）才能发生。发生黄变的原因是聚合物在 UV 辐射下氧化形成了黄色的化学物质——这就是为什么黄色是降解的标志。聚氯乙烯（PVC）聚合物在户外使用时会发生黄变，从而影响其使用寿命。即使没有氧气，PVC 也会变黄。

脆化。当暴露在 UV 辐射下时，塑料会发生化学变化，从而将长链状聚合物分子分解成更小的碎片。或者这些反应会在聚合物链之间产生新的化学键，使得材料随着时间的推移变得更加不易弯曲。这两种过程都会削弱聚合物的强度，使其在受到机械应力时倾向于折断和断裂，而不是弯曲和回弹。随着时间的推移，暴露在太阳辐射下的材料的机械强度和柔韧性会明显降低。对于塑料来说，长时间暴露在太阳辐射下会使其在搬运时碎裂。这样的材料就是发生了脆化，这种现象会在环境中产生微塑料（见问题 12）。

有几种策略可以保护材料免受 UV 辐射

有几种策略可以减轻 UV 辐射对木材、塑料和纺织纤维造成的损害。最常见的三种方法是屏蔽、稳定和清除。

屏蔽。第一种方法是在塑料中加入添加剂，以物理方式阻止 UV 辐射进入材料。最常见的塑料添加剂是炭黑和二氧化钛。对于木材来说，减少阳光和湿气对其造成损害的常用方法是使用表面涂层产品。这些涂层由一层含有某种无机颜料（如二氧化钛）的不透明薄膜构成，可以阻止 UV 辐射进入下层木材。

稳定。第二种方法是使用 UV 稳定剂。稳定剂可以是一种化合物，它能强烈吸收 UV 辐射，从而减少使材料降解的光量。UV 稳定剂的浓度较低，通常小于材料重量的 0.1%。稳定剂可降低 UV 辐射对材料的有害影响，在大多数情况下，即使长时间暴露在 UV 辐射下，也能保持产品的使用寿命。不过，这些添加剂也会增加材料的成本，而且当它们从材料或涂层中渗出时，可能会造成环境污染。

清除。第三种方法是使用清除剂阻止降解化学反应的进行。UV 照射通常会引发自由基反应，从而对材料造成更大的氧化损伤。清除剂可以捕获这些自由基的分子，从而阻止氧化反应链，防止聚合物链受损。聚烯烃塑料最常用的一类清除剂是受阻胺光稳定剂。

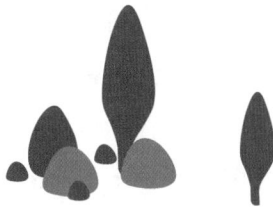

微塑料是普通塑料的小碎片。它们是由大型塑料垃圾通过各种过程（包括太阳 UV 驱动的风化）破碎形成的。这些小塑料颗粒（小于 5 毫米）在环境中广泛存在，人们非常担心它们对生物体的潜在影响。

微塑料在环境中无处不在

微塑料是小块的塑料材料，通常被定义为单向尺寸小于 5 毫米的颗粒。最新研究表明，微塑料在淡水、海水、空气、土壤和生物体中普遍存在，甚至在北极等偏远地区和深海沉积物中也有存在。更令人担忧的是，最近的研究发现微塑料还存在于饮用水、食盐甚至人体血液中。因此，人们非常担心微塑料对生物，尤其是人类的潜在影响。

UV 辐射是导致微塑料形成的关键环境因素

关于环境中的微塑料，有两个关键问题：它们是如何形成的？它们会持续多久？环境中发现的大多数微塑料颗粒被认为是通过较大塑料垃圾（如废弃饮料瓶、食品包装袋和购物袋）的破碎形成的。这种破碎过程始于塑料的风化，主要由太阳 UV 辐射所致。UV 辐射会导致大型塑料碎片的表面降解、开裂和点蚀（见问题 11）。这些裂缝向材料内部扩展，使其容易破碎。碎裂还需要将降解塑料暴露在机械力作用下，如海洋中的波浪湍流、生物的咀嚼或沙子的磨损（图 12-1）。其中，海滩碎浪带的作用尤为显著，海浪拍打时搅动着水、沙子和塑料碎片，从而形成微小碎屑。太阳 UV 辐射是大型塑料垃圾风化后碎裂的主要驱动力，而气候变化通过改变 UV 辐射的数量和光谱组成、塑料的分布以及波浪运动和能量等机械力来影响这一过程的速度。

塑料的光化学降解会释放出 CO_2

太阳 UV 辐射会将大型塑料物体分解成更小的碎片。研究表明，某些类型的塑料在暴露于 UV 辐射后会完全分解成 CO_2。然而，这一过程与环境的相关性仍有待确定，因为它可能过于缓慢，无法有效减少环境中的大量塑料垃圾。因此，一方面，《蒙特利尔议定书》及相关立法的实施可能会通过减少 UV 辐射量来减少微塑料的形成。另一方面，较低的 UV 辐射量意味着更少的微塑料碎片被转化为 CO_2，这可能会导致环境中这种垃圾材料的最终清除量减少。目前，还没有足够的数据来量化这些对立过程的贡献及其对环境的总体影响。

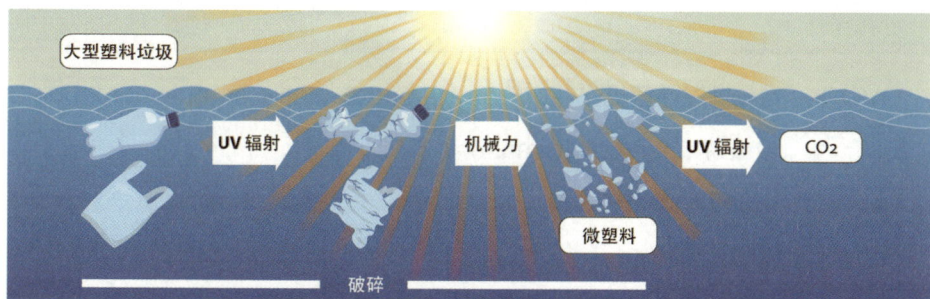

图 12-1　太阳 UV 辐射可促使塑料发生光氧化反应

太阳 UV 辐射导致塑料风化，并使塑料容易破碎，这一过程可能会形成微塑料颗粒。塑料降解与自然环境中 CO_2 的相关性仍有待确定。气候影响光氧化的途径多种多样，包括直接影响太阳 UV 辐射、塑料扩散及产生驱动实际破碎的机械力。

缩写词表

CFCs	氟氯化碳（chlorofluorocarbons）
CO_2	二氧化碳
DNA	脱氧核糖核酸（deoxyribonucleic acid）
EEAP	环境影响评估小组（Environmental Effects Assessment Panel）
HFCs	氢氟碳化物（hydrofluorocarbons）
NO_x	氮氧化物（nitrogen oxides）
O_3	臭氧
OVOCs	含氧挥发性有机化合物（oxygenated volatile organic compounds）
PM	颗粒物（particulate matter）
$PM_{2.5}$	小于 2.5 微米的颗粒
ppbv	十亿分之一体积
PVC	聚氯乙烯（polyvinyl chloride）
UNEP	联合国环境规划署（United Nations Environment Programme）
UV	紫外线（ultraviolet）
UV-A	紫外线 A
UV-B	紫外线 B
UV-C	紫外线 C
VOCs	挥发性有机化合物（volatile organic compounds）
WMO	世界气象组织（World Meteorological Organization）

作者和贡献者

Author Affiliations

Mads P. Sulbaek Andersen	California State University	United States
Anthony L. Andrady	North Carolina State University	United States
Alkiviadis F. Bais	Aristotle University of Thessaloniki	Greece
Paul W. Barnes	Loyola University	United States
Germar H. Bernhard	Biospherical Instruments Inc.	United States
Scott N. Byrne	The University of Sydney	Australia
Anu M. Heikkilä	Finnish Meteorological Institute	Finland
Rachael Ireland	The University of Sydney	Australia
Marcel A.K. Jansen	University College Cork	Ireland
Sasha Madronich	National Center for Atmospheric Research	United States
Richard L. McKenzie	National Institute of Water and Atmospheric Research	New Zealand
Rachel E. Neale	QIMR Berghofer Medical Research Institute, U. of Queensland	Australia
Patrick J. Neale	Smithsonian Environmental Research Center	United States
Rachele Ossola	Colorado State University	United States
Qing-Wei Wang	Chinese Academy of Sciences	China
Sten-Åke Wangberg	University of Gothenburg	Sweden
Christopher C. White	Exponent Inc.	United States
Stephen R. Wilson	University of Wollongong	Australia
Richard G. Zepp	United States Environmental Protection Agency	United States

Contributing Authors

Pieter J. Aucamp	Ptersa Environmental Consultants	South Africa
Anastazia T. Banaszak	Universidad Nacional Autónoma de México	Mexico
Marianne Berwick	University of New Mexico	United States
Janet F. Bornman	Murdoch University	Australia
Laura S. Bruckman	Case Western Reserve University	United States
Bente Foereid	Norwegian Institute of Bioeconomy Research	Norway
Donat-P. Häder	Friedrich-Alexander University	Germany
Loes M. Hollestein	University Medical Center Rotterdam	The Netherlands

Wen-Che Hou	National Cheng Kung University	China
Samuel Hylander	Linnaeus University	Sweden
Andrew R. Klekociuk	Australian Antarctic Division	Australia
J. Ben Liley	National Institute of Water & Atmospheric Research	New Zealand
Janice D. Longstreth	The Institute for Global Risk Research	United States
Robyn M. Lucas	Australian National University	Australia
Roy Mackenzie-Calderón	Universidad de Magallanes, Cape Horn International Center, Millenium Institute Biodiversity of Antarctic and Subantarctic Ecosystems	Chile
Javier Martinez-Abaigar	University of La Rioja	Spain
Catherine M. Olsen	Queensland Institute of Medical Research	Australia
Krishna K. Pandey	Institute of Wood Science and Technology	India
Nigel D. Paul	Lancaster University	United Kingdom
Lesley E. Rhodes	The University of Manchester	United Kingdom
Sharon A. Robinson	University of Wollongong	Australia
T. Matthew Robson	University of Cumbria, University of Helsinki	United Kingdom, Finland
Kevin C. Rose	Rensselaer Polytechnic Institute	United States
Tamara Schikowski	Leibniz Research Institute for Environmental Medicine	Germany
Keith R. Solomon	University of Guelph	Canada
Barbara Sulzberger	Swiss Federal Institute of Aquatic Science and Technology	Switzerland
Craig E. Williamson	Miami University	United States
Seyhan Yazar	Garvan Institute of Medical Research	Australia
Antony R. Young	King's College London	United Kingdom
Liping Zhu	Donghua University	China
Meifang Zhu	Donghua University	China